DISCOURS

SUR

LA LÉGISLATION ET LA JURISPRUDENCE

SCOLAIRES

PRONONCÉ

AU CONGRÈS CATHOLIQUE DE LILLE

le 14 Novembre 1884

PAR M. THELLIER DE PONCHEVILLE

———※———

LILLE

IMPRIMERIE LEFEBVRE-DUCROCQ

—

1885

DISCOURS

SUR

LA LÉGISLATION ET LA JURISPRUDENCE

SCOLAIRES

PRONONCÉ

AU CONGRÈS CATHOLIQUE DE LILLE

le 14 Novembre 1884

PAR **M. THELLIER DE PONCHEVILLE**

LILLE

IMPRIMERIE LEFEBVRE-DUCROCQ

1885

DISCOURS

sur

LA LÉGISLATION ET LA JURISPRUDENCE SCOLAIRES

EXCELLENCE,

MESSEIGNEURS,

MESDAMES,

MESSIEURS,

Plus d'une fois des voix éloquentes se sont élevées dans nos congrès, pour signaler les injustices et les périls de notre législation scolaire. Il semble qu'après elles il n'y ait plus rien à dire. D'ailleurs, Messieurs, vous n'en êtes plus aux discours, et depuis longtemps, vous vous êtes placés sur le terrain pratique de la résistance généreuse. A l'exemple et sous l'inspiration de vos pasteurs, éclairés et conduits par le grand archevêque dont nous pleurons la perte, vous avez dépensé sans compter les trésors de votre intelligence et de votre activité, votre temps et votre or, pour la défense des jeunes générations chrétiennes.

Cette année encore, vos rapporteurs ont pu vous donner de bonnes nouvelles de la lutte. Et après avoir recueilli ici de précieux encouragements, vous repartirez avec une ardeur nouvelle vers de nouveaux combats.

Mais peut-être n'est-il pas inutile de nous arrêter un moment à considérer les mouvements de l'ennemi. Quelles positions nouvelles a-t-il conquises, quelle a été, depuis notre dernier congrès, sa marche en avant dans le domaine des lois et de leur application? C'est ce que je voudrais rechercher ce soir avec vous.

Depuis quelques années, ou, pour préciser davantage, depuis les élections de 1880, nous avons vu éclore une série presque ininterrompue de lois et de décrets relatifs à l'enseignement. L'enseignement primaire en a eu sa large part. Comme on l'a fait remarquer avec esprit, le *pessimæ Reipublicæ plurimæ leges* se justifie de plus en plus. *(Rires et applaudissements.)* (Je dis en latin ce qu'il ne serait peut-être pas opportun de dire ici en français.) Ces lois, je n'ai pas besoin de les analyser. Vous en connaissez assez les dispositions générales, l'esprit et le but.

Le but était-il de fortifier et de répandre l'instruction chez les enfants du peuple? Peut-être pensait-on bien rencontrer ce résultat en passant. Mais il paraît qu'il est loin d'être atteint. Les *vingt-sept* matières nouvelles ajoutées, de par la loi du 28 mars 1882, à celles qui avaient suffi aux générations précédentes, sont d'une digestion difficile. Et naguère, à l'heure même où M. J. Ferry s'écriait avec cette modestie particulière qui rehausse son mérite : *(Rires)* « Nous avons fait de l'enseignement primaire un enseignement véritablement *intégral*, » un universitaire distingué jetait le cri d'alarme et démontrait que ces fastueux programmes aboutiraient fatalement à faire des écoliers qui, à force de tout apprendre, ne sauraient plus rien. *(Applaudissements.)*

En revanche, il est un autre résultat que nos législateurs ont atteint sans le chercher. En imposant à nos communes des dépenses exagérées, on les a ruinées, et l'on a fait de leurs budgets en déficit l'image trop ressemblante du budget de la nation. Ce sera l'un des profits les plus clairs de la campagne scolaire.

Mais à coup sûr ce n'était pas encore là l'objectif que l'on poursuivait. Cet objectif, nous ne le connaissons que trop, c'est la destruction de la foi dans l'âme des jeunes générations. Le programme, un orateur justement acclamé le rappelait hier, le programme peut se résumer en trois grandes lignes : l'enseignement obligatoire, l'enseignement public rendu anti-chrétien, enfin l'enseignement libre, étouffé et progressivement anéanti, de façon à arriver à cette formule finale : l'enseignement anti-chrétien obligatoire pour tous. *(Applaudissements.)* Nous avons franchi les premières étapes. Depuis le 28 mars 1882, l'instruction est forcée, et « la neutralité » de l'école publique est inscrite dans la loi. Jusqu'à quel point a-t-elle passé dans les faits ? C'est une question de latitude. Ici, et vous en avez l'exemple sous les yeux, l'irréligion est nettement affichée dans l'école ; ailleurs le crucifix y brille encore et sauve les apparences : influence de l'air ambiant sur les baromètres opportunistes ! On est fidèle à la tactique recommandée par le maître : progresser, lentement s'il le faut, mais toujours sûrement.

L'écrasement de la liberté est moins avancé ; c'est là

que se porte maintenant l'effort de la. lutte, là que nous trouvons les résistances héroïques et les attaques furieuses. Déjà l'enseignement libre est gravement atteint dans son personnel et dans ses ressources. Deux lois qui portent la même date, 16 juin 1881, ont été spécialement dirigées contre lui. L'une veut qu'à partir du premier octobre de la présente année (1884), nul ne puisse enseigner qu'avec un diplôme délivré par l'Etat, ou, pour parler plus net, que l'enseignement libre aille demander à ses ennemis naturels la permission de vivre. L'autre, en établissant la gratuité absolue des écoles publiques et en mettant à leur disposition les ressources du budget de l'Etat et des budgets communaux, rend plus onéreuses les charges qui pèsent sur le budget de la liberté. Ce n'est pas assez, et de nouvelles menaces bien plus terribles que celles-là ont été dirigées contre nous pendant le cours de cette année. Je veux parler de celles que renferme le projet de loi sur l'organisation de l'enseignement primaire, déjà adopté par la Chambre et dont le sort est entre les mains du Sénat. C'est là un péril dont nous ne devons pas détourner notre attention. Nous y reviendrons tout à l'heure; mais avant de passer à cette loi en formation, nous aurons à nous arrêter plus longuement aux lois existantes, et à rechercher les applications qui en ont été faites, les interprétations qui en ont été données, depuis l'année dernière.

C'est au moment même où se terminait notre dernier congrès, et à la date de 17 novembre 1883, que M. le Ministre de l'Instruction publique adressait à tous

les recteurs et instituteurs de France sa deuxième
circulaire (d'aucuns ont écrit son encyclique) sur l'enseignement de la morale.

Il paraît que cette morale *neutre*, que la loi du
28 mars 1882 a inaugurée dans notre pays, n'est pas
chose facile à concevoir et à définir, moins encore à
enseigner. Nos instituteurs ne s'y retrouvent pas, et le
ministre verse des flots d'encre pour éclaircir la question.
Déjà au lendemain de la promulgation de la loi, un
programme fort abondant, rédigé par le conseil supérieur, avait encombré les colonnes de l'*Officiel*. Puis des
auteurs de manuels s'étaient jetés sur ce nouveau sujet
et chacun l'avait traité au gré de ses préférences ou de
ses passions. Vous savez avec quelle habileté d'irréligion certains l'ont fait, et quel cri d'alarme l'Eglise a dû
pousser pour avertir ses enfants.

M. Ferry s'est hâté d'intervenir. Il lui appartenait
de rassurer les uns, d'éclairer les autres, de fixer enfin
pour tous le caractère et l'objet du nouvel enseignement.
C'est le but annoncé de la circulaire du 17 novembre.

Disons tout de suite qu'elle ne fixe rien, qu'elle
n'éclaire personne, et qu'elle n'est pas faite pour nous
rassurer. Que renferme-t-elle? quelques vagues décla-
mations sur « cette bonne et antique morale que nous
» avons reçue de nos pères et que nous nous honorons
» tous de suivre dans les relations de la vie, sans nous
» mettre en peine d'en discuter les bases philosophiques; »
la prétention très nette que cette morale, proche parente
sans doute de celle des *Bonnes gens* de Béranger, doit
être enseignée, « en faisant abstraction des principes,

» des origines et des fins dernières, » et enfin l'absence
voulue de toute allusion à l'idée d'une divinité quelconque,
fût-ce même à l'état de « quantité négligeable. » Sous
ce rapport il y a progrès. Dans le programme de 1882,
le conseil supérieur avait glissé subrepticement le nom
de Dieu. Il lui avait fait une petite place discrète, où
les enfants de neuf à onze ans (pourquoi pas les autres?)
pouvaient le rencontrer, en sortant de l'étude de la loi
Grammont. M. Ferry n'a pas de ces faiblesses, ou
plutôt il suit sa voie. La première année, on rapetisse
Dieu ; la seconde année, on le supprime. *(Sensation.)*

Mais le principal intérêt de la circulaire réside dans la
question des *manuels.* Comment répond-elle sur ce
point aux préoccupations des consciences catholiques ?
En donnant aux instituteurs une liste, où figurent en
bonne place les manuels condamnés par l'Eglise : Paul
Bert, Compayré, Jules Steeg, et Henry Gréville. Ils ont
liberté entière de choisir sur cette liste et d'imposer à
leurs élèves tel manuel que bon leur semblera. C'est ce
que le ministre appelle : « montrer le soin le plus
scrupuleux de la neutralité religieuse. » *(Rires.)* Nous
verrons tout à l'heure que les tribunaux de tout ordre
se sont refusé le droit de contrôler de tels scrupules, et
que le respect de la conscience des jeunes générations
scolaires n'a pas d'autre garantie légale que cette belle
conscience ministérielle.

Le mois de septembre dernier a vu éclore deux autres
circulaires ; il ne s'agit plus ici de l'enseignement public,
mais de celui qui s'appelait jadis *libre* et que l'on nomme
aujourd'hui *privé.* L'une, du treize septembre, rappelle

aux préfets que le dernier délai, pour l'application de la
loi qui rend les brevets obligatoires, expire à la rentrée
des classes d'octobre 1884. Le gouvernement ne tolérera
sous aucun prétexte que la loi soit éludée ni ajournée.
Les écoles privées seront inspectées dans le courant du
trimestre, (je crois savoir que cette inspection est déjà
faite) et les contrevenants, poursuivis conformément à
l'article 29 de la loi de 1850. Lisez : l'école sera fermée.
Ces mesures, conclut le ministre, « suffiront à caracté-
» riser une fois de plus la manière dont le gouvernement
» de la République entend procéder aux réformes
» décrétées par le Parlement : celle-ci, comme les
» autres, se sera réalisée sans secousse, sans violence,
» et sans précipitation, mais elle se sera réalisée tout
» entière, à l'heure prescrite, avec calme et fermeté,
» comme un progrès décisif dans l'organisation de
» notre enseignement national. »

M. Fallières, qui a signé cette circulaire, a-t-il montré
partout la même fermeté ? Il est permis d'en douter,
quand on lit l'autre document daté de la veille, 12
septembre. Celui-ci a fait plus de bruit, et préoccupe à
juste titre un grand nombre de pères de famille. Il est
relatif à l'examen prescrit par l'article 16 de la loi du
28 mars 1882, pour les enfants élevés dans la famille.
Cet examen, on le sait, doit être subi tous les ans à
partir de la seconde année d'enseignement obligatoire.
L'année dernière on en avait quelque peu parlé, et l'on
élevait la prétention d'y soumettre les enfants alors âgés
de huit ans. Mais les catholiques vigilants firent observer
au gouvernement que, la loi n'ayant qu'un an d'existence,

la deuxième année d'enseignement obligatoire n'était révolue pour personne. Le ministre se le tint pour dit, et l'arme, dont il n'était pas bien sûr, fut remise au fourreau. Elle en sort aujourd'hui, mais si timidement! On nous parle d'un examen, mais qui ne sera pas un examen. Il sera bénin, à petite dose. On supplie les parents d'en goûter ; ils verront comme cela se digère facilement et vite. « Il ne s'agit pas, je cite textuellement, » de juger du degré de l'instruction, mais du fait même » qu'il y a une instruction. » Et quelle instruction? n'importe laquelle. La commission n'a pas à dire « si » on instruit les enfants plus ou moins vite, dans tel » esprit ou dans telle méthode, mais uniquement si on » les instruit. » Si elle frappe quèlqu'un ce ne peut être que ces pères dénaturés, on sait qu'il y en a dans les anciens partis, qui, en haine des progrès modernes, voudraient condamner leurs fils à croupir dans une ignorance absolue, et à ne pas savoir même signer leur nom, semblables à ces barons des temps barbares, si bien remis à leur place par M. Paul Bert. *(Rires et applaudissements.)* Voulez-vous donc, Monsieur, que l'on vous confonde avec ces revenants d'un autre âge? – Mille fois non ; — donnez donc à votre enfant le plaisir peu coûteux de ce *baccalauréat infantile,* où il y aura autant d'élus que d'appelés. Que dis-je? s'il vous en coûte de l'envoyer à l'hôtel-de-ville, si vous n'aimez pas de coudoyer les gens qu'on rencontre en ces lieux-là, *(Applaudissements.)* soyez-vous même l'examinateur. Remettez-nous les cahiers, certifiés par vous, de votre jeune écolier. Leur vue nous suffira. Nous ne lui infligerons la peine de l'examen oral que si l'aspect de son écriture nous démontre dès à présent qu'il ne saura rien, à la fin de la période scolaire, c'est-à-dire dans cinq ans.

Voilà la circulaire, Messieurs ; ceux d'entre vous qui l'ont lue diront si je ne l'ai pas fidèlement traduite. Et maintenant, dites-moi qui pourra résister à de si séduisantes avances ?

Qui y résistera ? Tous les catholiques. *(Applaudissements.)* L'accord est complet sur ce point. Nous avons lu notre La Fontaine, bien que nés dans un temps où l'instruction n'était pas « intégrale ».

> Ce bloc enfariné ne nous dit rien qui vaille.
>
> *(Rires.)*

L'article 16 n'est pas aussi bénin qu'on le veut bien faire. Il dispose que l'examen subi chaque année portera sur *les matières correspondant à l'âge de l'enfant dans les écoles publiques.* Si on veut bien en oublier le texte cette année-ci, on saura le remettre en lumière l'année prochaine. Peu à peu, puisque la loi le veut ainsi, toutes les matières de l'enseignement obligatoire y passeront, depuis l'instruction civique jusqu'à l'histoire contemporaine... accommodée au goût des manuels et des examinateurs :

> Laissez-leur prendre un pied chez vous
> Ils en auront bientôt pris quatre.

Fermons donc notre porte à l'État inquisiteur ; il ne

cherche à franchir notre seuil, que pour y traquer la liberté. *(Applaudissements.)*

Et maintenant, quelles seront les conséquences de cette résistance à une disposition, qui n'a pas dans la loi de sanction directe? Il ne m'appartient pas de le dire. Cela rentre peut-être dans le domaine de la jurisprudence de l'avenir. J'ai assez de vous parler de la jurisprudence présente ; celle-ci d'ailleurs s'occupe à fixer l'interprétation de la loi du 28 mars, et elle n'a pas chômé pendant l'année que nous passons en revue.

Et tout d'abord, posons en principe, au seuil de cette étude, que la haute Magistrature française, convenablement épurée, et présidée par M. Cazot, rend de plus en plus des arrêts et jamais des services — c'est une chose entendue. — Je tenais à faire cette déclaration, dont j'aurai peut-être besoin pour abriter décemment les observations qui vont suivre.

Vous connaissez tous, Messieurs, l'économie générale de la loi du 28 mars 1882, au point de vue de l'obligation scolaire.

Les parents ayant des enfants âgés de six à treize ans sont prévenus par le maire, plus de quinze jours avant la rentrée des classes, de l'époque fixée pour cette rentrée. Ainsi avertis, ils doivent faire connaître à l'autorité municipale le mode d'instruction et l'école qu'ils ont choisis pour leur enfant.

A défaut de cette déclaration, l'enfant est inscrit d'office dans une école publique de la commune.

Enfin le jeune écolier porté sur les registres d'une école, soit publique soit libre, est tenu à la fréquenter régulièrement. Dans le cas où il aurait fait plus de trois absences d'un demi-jour dans le mois, le père responsable de l'enfant devient justiciable d'une commission scolaire. Celle-ci apprécie le mérite des excuses présentées pour expliquer les absences de l'enfant, et si ces excuses sont insuffisantes, elle condamne le père de famille à une sorte de réprimande, puis, en cas de récidive, à l'affichage de son nom à la porte de la mairie. Enfin, après « nouvelle récidive », le coupable est traduit devant le juge de simple police qui le condamne à l'amende, ou même à la prison.

La Cour de cassation, qui a eu à s'expliquer sur ces différentes dispositions, l'a fait en général de façon à en accentuer la sévérité.

Elle a pourtant résisté à certains entraînements. Elle possède non pas une bonne fée, mais un procureur général dont la baguette a opéré bien des prodiges de prestidigitation juridique, mais n'a pas toujours réussi à escamoter la loi.

Les maires avaient trouvé la loi bien exigeante, qui les astreint à envoyer un avis à tous les parents ; ils avaient trouvé plus simple de se contenter d'une affiche. Le parquet trouva l'idée excellente et voulut faire poursuivre les pères de famille coupables de n'avoir pas lu l'affiche. La Cour de cassation a donné tort au parquet et raison à la loi, en maintenant la nécessité de l'avis individuel.

En une autre circonstance, elle a fait de celle-ci une application, plus rigoureuse peut-être, mais qu'il est permis de trouver juridique. Bien que la loi suppose l'avis donné plus de quinze jours avant la rentrée des classes, il s'est trouvé des maires oublieux (la perfection n'est pas de ce monde) qui ne l'ont envoyé que plus tard, ou même au cours de l'année scolaire. Les parents sont-ils en ce cas, tenus d'obtempérer à cet avis tardif ? Trois arrêts (des 4 août, 21 et 28 décembre 1883), ont répondu affirmativement.

L'avis doit-il indiquer l'époque de la rentrée des classes ? Il semble que la question ne puisse même pas se poser ; à quoi bon aviser les parents de cette rentrée si on omet de leur en faire connaître la date ? Si vous me permettez, en un si grave sujet, une comparaison peut-être peu respectueuse, on ne comprendrait guère une invitation à dîner où le jour du festin serait laissé en blanc. La Cour de cassation estime qu'en effet ce serait « regrettable » mais qu'il faudrait quand même accepter l'invitation. *(Rires.)* Et par deux arrêts successifs, elle a déclaré l'avis obligatoire quoique incomplet.

Après l'avis du maire vient la déclaration à faire par les parents. Un père de famille, M. Goubeaux, n'avait pas cru qu'il fût nécessaire de faire cette déclaration suivant la formule fournie par l'imprimerie de la préfecture. Il avait écrit au maire que ses enfants ne fréquenteraient pas l'école du hameau, et il ajoutait : « Je tiens à ras-
» surer votre sollicitude administrative et républicaine.
» L'instruction de mes enfants, si elle n'est pas inspirée
» par les idées du jour, ne sera pas pour cela, j'aime à
» le croire, au-dessous de celle de leurs jeunes conci-
» toyens de la commune. Ils apprendront le catéchisme
» avant tout le reste, sans être pour cela plus igno-

» rants. » Le tribunal de Pau pensa que cette lettre
suffisait pour faire comprendre au maire que M. Goubeaux entendait élever ses enfants chez lui, alors sur-
tout que nul n'ignorait dans la commune qu'il avait un
précepteur chargé de leur éducation. Mais la Cour de
cassation fut d'avis que c'était trop présumer de l'intelligence d'un magistrat municipal, et un arrêt du 21
décembre 1883 cassa la décision de la Cour de Pau.

Au moment de la mise en vigueur de la loi, une
circulaire ministérielle avait reconnu que le but que
celle-ci se proposait était de constater « si et comment
il est pourvu à l'instruction de chaque enfant. » Et le
ministre ajoutait : « Si la famille confie les enfants à une
» école libre, l'inscription au registre de cette école
» dûment communiqué à la Commission scolaire muni-
» cipale tient lieu de déclaration. » Vous le voyez, c'est
la même *manière* tolérante et bonne enfant, que nous
retrouvions tout à l'heure dans la circulaire relative à
l'examen. Il s'agit de faire accepter la loi par des
absorptions à petite dose. Mais la Cour de cassation
n'a pas de ces pruderies d'opportunité. M. le procureur
général veille ; il estime que l'inscription au registre de
l'école ne suffit pas, et qu'une déclaration personnelle
du père de famille est indispensable ; et en effet, un
arrêt du 14 décembre 1883 nous est venu avertir qu'il
ne faut pas se fier à la parole du ministre. Serait-il vrai
que l'on n'est jamais trahi que par les siens ? *(Rires.)*

On y tient, à cette *déclaration*, sorte d'*acte de foi et
hommage* que le père de famille doit rendre à la loi !
S'il s'abstient, son enfant est inscrit d'office à l'école

publique. Dès lors, son absence de cette école constitue une contravention. Cependant, voici que le père, appelé devant la Commission scolaire, justifie que l'enfant fréquente une école privée, ou reçoit l'instruction chez lui ; le fait est de notoriété publique. Il a donc obéi à la loi. La Commission scolaire est maîtresse de l'acquitter, puisque la loi lui ordonne d'apprécier « *toutes les circonstances exceptionnellement invoquées pour justifier les absences de l'enfant.* » C'est bien une circonstance exceptionnelle que celle-là ; on ne peut exiger d'un enfant, à qui le Ciel n'a pas départi le don d'ubiquité, qu'il fréquente deux écoles à la fois. Erreur ! Les Commissions scolaires et les juges de simple police qui ont acquitté sur ce motif sont rappelés à l'ordre par trois arrêts des 14, 15 et 21 décembre 1883. Donc, ce qu'on vous demande, pères de famille chrétiens, ce n'est pas seulement que vous donniez à vos enfants l'instruction. On sait bien que vous ne manquez pas à ce devoir. On veut autre chose, on veut que vous abaissiez la puissance paternelle devant la puissance de l'État, que vous incliniez vos fronts devant l'idole, et que vous l'assuriez, par écrit, de vos sentiments de déférence et de respectueuse soumission.

Les pères qui s'absentent temporairement de la commune, avec leurs enfants, doivent en donner avis, verbalement ou par écrit, au maire ou à l'instituteur. C'est la disposition textuelle de la loi. Faut-il que la Commission scolaire en délibère, et dépend-il d'elle d'accorder ou de refuser à l'enfant la permission de suivre ses parents à leur maison de campagne ou à leur

maison de ville ? Ne souriez pas ; M. le procureur général l'avait pensé, hanté sans doute qu'il était par
quelque réminiscence de Platon et de Saint-Just. La Cour,
heureusement, l'a tiré de son rêve, et a bien voulu
conserver à nos enfants le droit d'aller et de venir [1],
garanti par la Constitution de 1791.

Le père, dont les enfants se sont absentés plus de
trois fois en un mois, devient justiciable de la Commission
scolaire. Comment ce petit tribunal va-t-il fonctionner ?
Et d'abord est-ce un tribunal ? — Oui, puisqu'il applique
des peines. — Les débats seront-ils publics, l'inculpé
pourra-t-il se faire assister d'un avocat ? — Sans doute :
c'est là le droit commun devant toutes les juridictions
répressives, c'est la prérogative sacrée de la défense,
un de nos principes immortels, en un mot ! Encore
moins peut-on douter qu'il doit être averti de la pour-
suite dirigée contre lui, appelé devant la Commission et
entendu par elle. — Ainsi l'avait pensé la Cour d'appel
de Dijon. — Erreur encore ! nous dit la Cour suprême.
Vous n'y entendez rien. La Commission scolaire est un
simple corps administratif. Et ce corps n'est pas chargé
de *juger* mais d'*apprécier*. Il ne prononce pas de peines,
il ordonne « des mesures ». Cependant la loi parle bien
des peines ; elle répète même le mot à plusieurs re-
prises. *Mauvaise locution*, s'écrie M. le procureur général
Barbier ; et la Cour de dire : « L'affichage, bien que
» qualifié *peine* par la loi », n'est pas une peine. Quelle
logomachie ! Voilà nos législateurs convaincus de n'avoir
pas su ce qu'ils disaient. *(Applaudissements.)*

1 Arrêt du 20 décembre 1883.

Le principe posé, les conséquences se tirent aisément, et la Cour n'y a pas manqué. Pas de défense, pas de débats ; la Commission apprécie les excuses du père, sans qu'il soit même appelé à venir devant elle pour les faire valoir, et, si elle l'estime coupable, elle lui applique — ne disons plus *des peines*, — *des mesures*, telles que l'affichage, sans l'entendre !

Ainsi l'a jugé l'arrêt du 14 décembre 1883 : et j'ai le regret de dire que, le 31 juillet dernier, la Cour de Rouen a cru devoir s'incliner devant cette étrange *jurisprudence* et lui donner une consécration nouvelle. C'est donc entendu, mes courageux et éloquents confrères de Lille ; désormais les avocats, race indiscrète et frondeuse, ne troubleront plus les délibérations solitaires et silencieuses des Commissions scolaires.

Sur un autre point encore, la Cour de cassation a *rectifié* la loi. A la première infraction, vous le savez, le père reconnu coupable est appelé devant la Commission ; s'il prend la peine de s'y rendre, la Commission se donne celle de lui lire le texte de la loi et de lui expliquer son devoir. S'il préfère s'abstenir, son nom est affiché à la porte de la mairie.

La loi ajoute qu'en cas de récidive, la mesure prononcée est cette même peine de l'affichage. Enfin en cas de « nouvelle récidive », la Commission adresse une plainte au juge de paix, et le délinquant est renvoyé en simple police.

Qu'est-ce qu'une *nouvelle récidive ?* C'est, m'allez-vous dire, une seconde récidive Et c'est ce qu'ont répondu tous les tribunaux consultés. Mais ils se sont trompés, et vous aussi. *Nouvelle*, à ce que nous assure la Cour, veut parfois dire : *première*. C'est ce qui arrive quand le coupable ne s'est pas, lors de la première infraction, rendu à l'appel de la Commission. En ce cas-là, il est du premier coup en récidive, et, dès la seconde infraction, en nouvelle récidive, justiciable de la simple police, c'est-à-dire que trois veut dire deux, comme s'il avait péché trois fois. *(Rires.)* Comprenne qui pourra ! La loi ne dit pas cela, mais la loi s'est mal expliquée [1] ; « mauvaise locution ! »

Vous pensez peut-être, Messieurs, que j'entre dans des détails bien spéciaux et bien arides. Pourtant cette étude n'est pas inutile. Il est bon de peser, même par le menu, cette charge de l'obligation, de compter les mailles du filet dans lequel elle enserre le peuple chrétien, et, si je puis ainsi dire, de surveiller le travail incessant par lequel ces mailles se forment et deviennent de plus en plus étroites.

Mais une charge bien plus lourde encore est celle qui pèse sur les consciences. Dès le premier jour, les avertissements n'avaient pas manqué ; les périls d'une neutralité menteuse ont été signalés par des voix que d'aucuns trouvaient trop véhémentes. Les prophètes de malheur ont été trop bons prophètes. La « neutralité » elle-même peut être impunément violée. L'instituteur a le droit, nous l'avons vu, de distribuer à ses élèves un enseignement et des livres condamnés par l'Église, et l'enfant n'a pas le droit de s'y soustraire. C'est l'empoisonnement forcé des âmes.

[1] Arrêt du 21 décembre 1883 ; voir aussi 4 août 1883.

Je n'exagère rien, Messieurs. Des pères de famille, qui avaient refusé de laisser imposer à leurs enfants le manuel Compayré, avaient été acquittés par la Commission scolaire. Le Conseil d'État annula, pour excès de pouvoir, la décision de la Commission. Et, à son tour, la Cour de cassation a déclaré, par un arrêt du 15 décembre 1883, que ni la Commission, ni le juge de paix, n'avaient le droit de considérer, comme une cause valable d'absence de l'école, l'introduction dans cette école d'un manuel contraire à la foi des élèves. Ce sont là, a-t-elle dit, des « méthodes d'enseignement qui échappent à l'autorité judiciaire. »

Méthode d'enseignement est une trouvaille. Voici votre enfant livré au bon plaisir d'un instituteur impie qui s'attache à déformer cette âme créée à l'image de Dieu ; entre ses mains, il a mis un livre qui nie ce que son père lui affirme, qui combat les saintes croyances semées avec tant d'amour dans son jeune cœur. Le mal fait son œuvre, la foi de votre enfant s'étiole et meurt : c'est là une « méthode d'enseignement » ! Vous n'avez pas le droit d'intervenir, les méthodes d'enseignement ne sont pas votre affaire. En cherchant à arracher votre enfant à cette atmosphère délétère, vous commettez un délit ; la justice est forcée de vous condamner à l'amende ; en prison, si vous le faites ; en prison, si vous voulez sauver cette âme si chère ! *(Sensation.)*

Voilà les principes ; ils sont posés désormais. L'application se fera timidement d'abord ; elle se fera dans toutes les écoles publiques, le jour où cela plaira au ministre, de qui seul relèvent les instituteurs et leurs livres.

Mais il restera l'enseignement libre ! Il est bien menacé ; cependant, nous devons être heureux de reconnaître que, jusqu'ici, les décisions judiciaires n'ont pas entamé ce qui lui reste de droits et de liberté.

Quelques-unes de ces décisions sont intéressantes à noter.

Un arrêt de la Cour de cassation a sauvé l'existence de ces *garderies* où sont recueillis les jeunes enfants qui n'ont pas atteint l'âge scolaire. Elle a décidé que ce n'était pas tenir une école que de surveiller ces enfants, leur faire réciter quelques prières et leur dire, pour les distraire, quelques contes *qui n'avaient aucun rapport avec l'histoire.*

La *gardeuse* n'aura donc pas besoin de diplôme pour ouvrir à l'imagination de ces jeunes citoyens les royaumes enchantés de la féerie. Mais qu'elle se garde bien de quitter *Peau d'âne* et *Barbe bleue*, pour se livrer à quelques incursions dans le champ de l'histoire : la main de la justice cesserait de la protéger... Mais il n'importe ; l'essentiel est acquis : la bonne femme pourra inculquer à son petit troupeau ces premières notions de la religion, qui ne s'effacent jamais. Elle n'empiétera pas ainsi sur le domaine de l'enseignement, puisque désormais la religion est bannie de ce domaine.

La Cour de Caen et la Cour d'Orléans, résistant à leur tour aux prétentions de certains inspecteurs zélés, ont refusé de soumettre aux conditions exigées pour la tenue d'une école, l'enseignement donné au foyer domestique, fût-ce même à quelques enfants de familles différentes. [1]

D'autres arrêts n'ont pas voulu rendre plus onéreux le droit d'opposition à l'ouverture des écoles libres, droit qui appartient à divers fonctionnaires.

Le 11 juin 1884, la Cour de Riom a reconnu que le délai d'un mois pendant lequel cette opposition peut être formée, court du jour du dépôt des pièces par l'instituteur libre ; on prétendait qu'il devait courir seulement du jour où il a plu au fonctionnaire qui a reçu le dépôt, de le faire parvenir à la préfecture.

L'opposition est jugée par le Conseil départemental ; le Conseil d'Etat avait pensé d'abord que cette décision était sans appel. Mais le 29 décembre 1883, le Conseil supérieur de l'Instruction publique s'est reconnu le droit de la réformer ; et le Conseil d'Etat, renonçant à sa première jurisprudence, s'est rangé à cet avis, par arrêt du 20 juin dernier. Sans doute, remettre le sort des écoles libres aux mains d'une assemblée où dominent presque exclusivement les influences ministérielles ou universitaires, ce n'est pas l'idéal de la liberté. Mais nous avons appris depuis longtemps à rester bien loin de l'idéal. On a pensé que le Conseil supérieur serait moins accessible que les Conseils départementaux aux mesquines passions locales, et l'on a considéré cette nouvelle jurisprudence comme un progrès relatif.

Il n'en a pas été de même de celle qu'il me reste à vous signaler. Je veux parler de trois arrêts rendus par

1. Caen, 21 novembre 1883 ; Orléans, 12 août 1884.

la Cour de cassation, le 12 et le 19 mars 1884, à la suite de laïcisations opérées dans certaines communes, qui avaient des traités avec des congrégations enseignantes. Qu'une partie, particulière ou commune, viole un contrat, elle devient passible de dommages-intérêts. Ainsi veut le droit, ainsi veut la loi. Mais les congréganistes sont hors la loi. Désormais il sera permis au conseil municipal de provoquer et d'obtenir du préfet la rupture du traité et le renvoi des religieux sans qu'il en coûte rien à la commune. Ainsi l'a jugé la Cour, au grand scandale et à la grande tristesse de tous ceux qui avaient été nourris dans le culte de l'honnêteté judiciaire.

Serait-ce l'aurore d'un droit nouveau ? L'apparition dans notre pays d'une justice inédite fort différente, (pour parler comme M. Ferry), de la bonne vieille justice de nos pères ? Il est permis de le craindre. Et si c'est ainsi que les lois actuelles sont interprétées, qu'en sera-t-il de celle qui se prépare, et dont je dois dire ici quelques mots pour clôturer cette revue de l'année ?

Je veux parler du trop fameux projet de M. Paul Bert, déjà voté par la Chambre des députés, après une discussion qui a occupé une partie des séances de cette année. C'est un code complet, en 62 articles, de l'enseignement primaire. Il avait été déposé dès le commencement de 1882, et la Chambre l'a préféré à un autre projet, d'allures beaucoup plus modestes, élaboré à la même époque par M. le Président du Conseil. Elle devait cette marque de déférence au père de la laïcisation, et sans doute aussi à un mot d'ordre des loges maçonniques.

Je n'examinerai pas cette œuvre en détail ; elle n'est pas définitive, puisque le Sénat ne l'a pas encore *enregistrée*. Je me contenterai d'en indiquer quelques dispositions, qui suffisent à la caractériser, au double point de vue de la laïcisation de l'école, et de la guerre à l'enseignement libre.

L'article 16 est ainsi conçu : « Dans les écoles publiques » de tout ordre, l'enseignement est exclusivement confié » à un personnel laïque. » C'est net. Et cette *épuration* du personnel doit être opérée dans un délai de cinq ans. Nulle école publique, nulle commune ne pourra s'y soustraire. En vain, la majorité des pères de famille, en vain les conseils municipaux se prononceront pour le maintien des maîtres congréganistes, l'Etat omnipotent n'y prendra garde. D'un trait de plume il supprime la volonté des intéressés pour y substituer la sienne. Je n'ai pas, Messieurs, à vous rappeler les débats qui ont précédé le vote de cette disposition, les accusations haineuses de l'auteur du projet contre les congrégations enseignantes, la triomphante réponse du vaillant évêque d'Angers. Le bon droit ne pouvait l'emporter dans cette Chambre où, comme on l'a dit : « La majorité se forme d'elle-même dans toute question où apparaît la soutane du prêtre ou la robe du religieux. »[1] Le souci d'une liberté communale insolemment violée n'a point ému cette majorité. Elle était bien plus sensible au plaisir de déclarer indignes d'enseigner dans nos écoles de village ceux qui, depuis deux siècles, ont été les plus admirables éducateurs du peuple, ces humbles frères que l'Angle-

1. Mgr Freppel.

terre protestante couvre, à cette heure même, d'éloges
et de récompenses.

Chasser le Frère ou la Sœur de l'école, c'est bien ;
mais il faut encore que l'instituteur laïque puisse y
entrer. Or cela n'est pas toujours facile. Souvent l'école
a été donnée ou léguée à la commune, à la condition
expresse que l'enseignement y sera dispensé par des
congréganistes. La condition faisant défaut, la libéralité
doit aussi défaillir ; jusqu'ici c'était élémentaire. Il fallait
rendre au donateur ou à ses héritiers l'immeuble ou
l'argent. Tel était souvent pour nos malheureuses
communes le résultat le plus clair de la monomanie
laïcisante. M. Paul Bert, un peu aidé par M. Jules
Roche, un autre spécialiste, y a mis bon ordre. M. Roche
allait droit au but ; il proposait purement et simplement
que « les donations et legs faits aux communes sous la
» condition que les salles d'asile et les écoles publiques
» seraient dirigées par des congréganistes, ou auraient
» un caractère confessionnel, *restent acquis* aux com-
» munes. » La Chambre a préféré prendre un chemin
de traverse et imposer à l'amendement Jules Roche un
travestissement plus opportuniste. Voici le texte de
l'article 18, qu'elle a voté : « Toute action à raison des
» donations et legs faits aux communes antérieurement
» à la présente loi, à la charge d'établir des écoles ou
» salles d'asile dirigées par des congréganistes ou ayant
» un caractère confessionnel, sera déclarée non rece-
» vable, si elle n'est pas intentée dans l'année qui
» suivra le jour où l'arrêté de laïcisation ou de sup-
» pression de l'école aura été inséré au *Journal officiel*. »

Limiter à un an la durée d'un droit qui, d'ordinaire, peut s'exercer pendant trente ans, c'est une grave innovation.

Faire courir ce délai si bref, sans notification aux intéressés, sans autre avis qu'une insertion perdue dans quelque coin ignoré de l'*Officiel*, c'est une habileté malhonnête.

Mais le calcul de nos législateurs a porté plus loin. Certains d'entre eux, parmi lesquels un membre de la commission, ont fait connaître leur pensée tout entière et dévoilé la véritable portée de l'article. « Nous » croyons, a déclaré M. Jules Steeg, nous croyons que » les communes n'auront pas d'indemnité à payer ; » qu'aucun tribunal ne se trouvera en France pour » condamner une commune à payer une indemnité » dans ces conditions. ». Touchante confiance dans la justice de notre pays ! Mais ne nous récrions pas. Rappelons-nous, hélas ! certains arrêts que je citais tout à l'heure, et nous reconnaîtrons avec terreur, que cette confiance n'est pas aussi téméraire qu'on le voudrait bien croire.

Il est superflu de dire que l'enseignement libre n'a pas à se louer du projet de M. Paul Bert. Naturellement sa vie sera entre les mains des Conseils départementaux et du Conseil supérieur, chargés d'autoriser ou d'interdire l'ouverture de ses écoles, de frapper ses maîtres de peines disciplinaires plus ou moins graves. Et comme, jusqu'ici, ces corps renfermaient encore certains éléments indépendants, le député de l'Yonne a pris soin de les éliminer. Désormais, le Conseil départemental comme le Conseil supérieur, seront composés presque en entier de fonctionnaires ; la magistrature et le clergé, en particulier, en seront exclus. L'école libre sera livrée à ses adversaires.

Cela ne suffit pas : il faut empêcher le recrutement de ses maîtres. L'article 62 y pourvoit, la loi militaire tardant trop à se charger de ce soin. Rien n'est oublié ! Cet article est ainsi conçu : « Jusqu'au vote d'une » nouvelle loi sur le recrutement militaire, l'engagement » de se vouer pendant dix ans à l'enseignement ne » pourra être réalisé que dans les établissements » publics. » Ce qui veut dire tout simplement ceci : « Désormais, les instituteurs publics seuls seront dispensés du service militaire ; les instituteurs libres y seront astreints. » Et nous continuons à lire, sur nos édifices publics, avec une satisfaction sans mélange, ces mots pleins de promesse : Liberté, Egalité, ...

Telle est, Messieurs, la loi de demain.... si le Sénat, retrempé dans les eaux régénératrices de la révision, n'y apporte pas un énergique obstacle.

En terminant je me reprocherais de ne pas mentionner au passage, les projets relatifs à l'enseignement secondaire, la proposition Marcou, l'amendement du même M. Paul Bert, qui, directement ou indirectement, rétablissent le certificat d'études. Mais ces tentatives plus ou moins hypocrites de retour au monopole universitaire, sortent de notre cadre, et je me contente de constater que sur aucun point la haine des sectaires n'est prête à désarmer.

Et maintenant, Messieurs, j'ai fini cette triste revue.

Pardonnez-moi de l'avoir faite si longue et de l'avoir rendue peut-être si fastidieuse! De tels détails n'étaient pas inutiles, car nous en pouvons tirer un enseignement. Ces lois qui se succèdent, cette jurisprudence qui *progresse*, c'est l'oppression qui s'avance. Contre cette oppression, vous luttez, et vous continuerez à lutter. C'est le combat pour nos autels, car il s'agit de savoir si la France de demain sera encore chrétienne. Vous résisterez aux exigences chaque jour croissantes de la loi et des interprétations qui renchérissent sur la loi; vous défendrez pied à pied le terrain encore réservé à l'enseignement libre. Comme l'a dit un maître éloquent(1), « nous luttons au jour le jour, essayant de fermer » chaque brèche, de relever par la charité tout ce que » détruit la haine. » Et certes, plus les attaques sont furieuses et perfides, plus vous redoublerez d'énergie et d'habileté dans la défense. C'est votre honneur et c'est votre premier devoir. Est-ce le seul? Suffit-il de fermer les brèches et de rester sur la défensive. Toute ville assiégée n'est-elle pas une ville qui sera fatalement prise un jour, si elle ne se dégage par un vigoureux retour offensif?

Sans doute, vous avez fait et vous faites encore de grandes choses ; nulle part peut-être, l'enseignement libre, à tous ses degrés, n'est mieux et plus complètement institué et coordonné. Mais qui sait ce qui restera demain de la liberté? Qui sait si bientôt nous ne verrons pas des lois plus perfides encore, servies par

1 Mgr D'Hulst.

une magistrature plus épurée, en arracher de nos mains les derniers lambeaux? Aussi longtemps que la loi sera au pouvoir des ennemis de Dieu, nous aurons tout à redouter, et le résultat de tous nos efforts, de toutes nos peines et de tous nos sacrifices, peut être détruit en un seul jour.

Oui, il est beau, il est glorieux de soutenir avec un tronçon d'épée une lutte inégale. Mais j'aime mieux, pour vaincre, une arme à la lame bien trempée et à la poignée solide. .(*Applaudissements.*) C'est cette arme que nous devons chercher à conquérir.

Aux jours des premiers combats pour la liberté de l'enseignement, nos devanciers avaient inscrit sur leur bannière cette devise : *Forum et jus.* Puisqu'aujourd'hui, dans le *forum* occupé par nos adversaires, le droit défaille aux mains de ceux qui en ont la garde, est-ce que tous nos efforts ne doivent pas tendre à rentrer en maîtres dans le *forum*, pour y restaurer le règne du droit? *(Applaudissements.)*

En un mot, l'action publique s'impose aux catholiques, et leur action ne saurait être efficace que s'ils sont unis et organisés. Ce n'est pas ici le lieu de développer cette pensée. J'ai cru cependant qu'il m'était permis, à la fin et comme conclusion de ce travail, de la jeter dans vos esprits. Que Dieu veuille l'y faire fructifier pour le triomphe de sa cause et pour le salut de la patrie ! *Longs applaudissements.)*

www.ingramcontent.com/pod-product-compliance
Lightning Source LLC
Chambersburg PA
CBHW060505200326
41520CB00017B/4911